学会做预算

〔美〕塞西莉亚·明登 著
王小晴 译

人民文学出版社
PEOPLE'S LITERATURE PUBLISHING HOUSE

目　录

学会做预算

Living on a Budget

第一章

预算是什么？

你有没有遇到过这样的事？星期六的时候，你口袋里有20美元。可是到了下个星期二你就“破产”了。你的钱都去哪儿了？下面就要学习一下如何制订预算、遵守预算！

什么是预算？预算就是你如何用收入来支付开销的计划。你的收入就是你通过工作或者收红包所得到的钱。你的开销就是你如何使用这些收入。你的目标是平衡预算。平衡预算意味着你的收入足以支付你所有的开销。平衡预算是你一生都需要的技能。

你如果不做预算，那么很可能把钱花光

制订预算从收入开始。零花钱是一种收入，在一些家庭，你的收入和你在家里做了什么有关；报酬是另一种收入，是你通过为其他人工作挣得的钱；红包也是一种收入来源，你在过生日的时候或者其他特殊的场合都可能收到红包。零花钱、报酬和红包是学生收入的三种主要来源。

想一想你是怎么花钱的。你喜欢买小吃或零食吗？你在电脑游戏或音乐上花钱吗？你自己买衣服吗？你的开销可能是所有这

你如果喜欢买电子游戏，那么需要把这一项列入预算

生活和事业技能

存款是预算的重要部分。把存款放入银行或者信用合作社，这样你的钱就能够产生利息。利息是因为你把钱存入银行而由银行支付给你的。比如说你一个月在储蓄账户中存下 30 美元，有 5% 的利息。五年之后，你的账户里就有超过 2000 美元了！

些消费的总和，还要加上你捐给慈善机构或者购买礼物的钱。你可以把收入的钱放入储蓄账户。保持平衡预算并不难，但是确实需要一些计划。我们开始吧！

实用数学大挑战

雅各布的父母每个星期给他 18 美元零花钱。雅各布不想从家里带午饭的时候，就不得不用自己的钱在学校快餐厅买午饭。雅各布每个星期花 12 美元买午餐，向学校慈善机构捐款 2 美元，把 4 美元存下来，还会花 2.5 美元买小吃。

- 雅各布每个星期的总开销是多少？
- 雅各布的预算平衡吗？

（答案见第28页）

— 第二章 —

你的钱去哪儿了？

制订预算之前，你需要思考一下你是如何花钱的，以及钱都花到哪里去了。关于每一件物品，最重要的问题是：我是真的需要它吗，还是只是想要？

需要的东西是你为了生存必须拥有的，最基本的需求是食物、水和居所。另外一些需求是你生活必须的，在你人生的不同阶段会发生变化。

一个学生的基本需求通常由父母来承担。告诉父母你期望买的东西，可能包括衣服、交通工具和学校用品。不是每一个学生都

即便是一笔小小的捐款，对那些需要的人也大有帮助

有同样的需求。比如说，你可能需要买运动装备，另一个学生可能需要买活页乐谱。

想要的东西是你乐意拥有的，但不是为了生存；昂贵的衣服、音乐会门票和笔记本电脑很不错，但不是基本的需求。你不能买到所有想要的东西，但是如果你仔细计划，就可以买到其中一些。当你计划预算的时候，一定要确保首先满足你的需要，再去想那些对你来说最重要的想要的东西。

制订预算的第一步是计算出你的收入和开销。买一个小本子

手机是需要的还是想要的？手机对于紧急联系来说是需要的，但是额外的应用和游戏是想要的

放在口袋或钱包里，贴上“记账本”的标签。连续两个星期，写下你购买的每一项物品，还有它的价格。两个星期结束的时候，你就可以清楚地知道你是怎么花钱的。你可以通过这些信息来制订你的预算。

实用数学大挑战

格蕾丝想做预算。

她先从用记账本记录两个星期的开销开始：

格蕾丝从2月1日到2月14日的记账

日期	收入	开销
2月1日	20 美元零花钱	
2月3日		15 美元买衣服
2月4日		2 美元捐款给动物收容所
2月5日	25 美元生日红包	
2月5日		8 美元电影票，8 美元零食
2月5日		12 美元学校午餐饭卡
2月8日	20 美元零花钱	
2月9日		1.65 美元在学校商店里买纸和铅笔
2月10日	7.25 美元扫落叶报酬	
2月11日		5.43 美元花在美术馆的纪念品商店（户外教学）

- 从2月1日到2月14日，格蕾丝的收入一共是多少？
- 格蕾丝在这段时间内的开销一共是多少？
- 哪些开销是需要的？格蕾丝一共花了多少钱？
- 那些开销是想要的？格蕾丝一共花了多少钱？
- 格蕾丝想下载一张新专辑，她还有13.5美元来支付吗？

（答案见第28页）

— 第三章 —

开动脑筋：制订一个简单的预算

有些收入和开销每个星期都保持不变，这些叫作固定收入和固定开销。比如说，固定收入可能是你的零花钱或报酬。固定开销可能包括学校午餐、慈善机构捐款或储蓄账户存款。这是制订预算的基础。

你还有可变收入和开销。“可变”意味着这些金额每个月都会产生变化。你在某个星期的收入多了一些，因为这个月你收到了生日红包。你在接下来的一个星期可能开销更多一些，因为你得为学校的一个项目购买额外的物资。

买零食或参与娱乐活动的钱可能是你预算中的变量开销

使用第15页的预算表作为制订预算的指南，填写你的固定收入。你可以估计一下你的可变收入，填写一个你认为差不多的金额。比如说，照看婴儿通常能够挣得5美元或10美元，或许你就可以在预算里写上8美元。

把你的计划花费和实际花费各列一栏，这可以帮助你准确地记录实际比预算多花了哪些钱。

列出你的固定开销和可变开销，把它们填入预算。把这个例子当作指南来填写你的预算。思考一下你的短期目标和长期目标。短期目标就是你在几星期里或几个月里能够买的东西，可能是演唱会门票、一台DVD播放器和一个电脑游戏。长期目标可能是一辆车，是那些要花更多钱，需要好几个月甚至几年时间来存钱才能完成的目标。把这些都写进你的预算里。

现在到了有趣的部分！把你的钱分为几个部分，在你清单上的每一个类别中都填入一个金额。你需要好好斟酌一下，每个部分最好差不多。

生活和事业技能

记得在你的预算中为慈善捐款留出空间。每个星期拿出1美元，一年就能捐52美元。

你的父母需要为家庭开销做预算

在购买某样东西之前，确保你那个预算分类里还有足够的钱

在格蕾丝的预算表里，她计划了接下来两个星期里的所有开销。她列入了为短期目标和长期目标的存款。格蕾丝不确定她在这两个星期里是不是能为邻居做点杂活，所以她把那一行先空着。

实用数学大挑战

2月15日到2月28日的预算（两个星期）

类别	预算金额	实际金额	差额
固定收入零花钱			
40 美元（2 月 15 日和 2 月 22 日分别 20 美元）	40 美元		
可变收入			
为邻居做杂活?			
总计	40 美元		
固定开销			
学校午餐	24 美元		
动物收容所捐款	2 美元		
短期目标存款	1 美元		
长期目标存款	1 美元		
可变开销			
学校用品	0.75 美元		
零食	1.25 美元		
娱乐活动	10 美元		
总计	40 美元		

· 格蕾丝的总开销有多少?

· 格蕾丝决定为自己的短期目标和长期目标存钱。她把用于娱乐活动的预算改为 7 美元，用于零食的钱改为 0.75 美元，剩下的钱都存下来，平分到短期目标和长期目标中。格蕾丝在这两个类别中分别放了多少钱?

（答案见第29页）

开动脑筋：精打细算

你是否听人说过这样一句话，“纸面上看起来不错”？这意味着现实并不总是按照你的计划发展。预算是你如何花钱的计划。不过一旦钱在你的口袋里，你就需要对你的预算做出调整。为什么呢？生活总是充满意外。如果你每个星期六晚上照看的孩子生病了，她的父母决定在家里亲自陪她呢？那你这个星期的收入就会少了。你就必须调整你的预算，把这件事情考虑在内。

格蕾丝在第一个星期的时候坚持了自己的预算（第15页），然

遛狗能够挣到额外的钱，还能锻炼身体

而到了第二个星期，计划就土崩瓦解了。星期二，一个邻居请格蕾丝星期六到院子里干活，她能挣20美元。星期五，格蕾丝花19.99美元买了一双打折的鞋子，这笔钱是她从妈妈那里借的，而且答应会用在院子里干活的收入来还。可是星期六下雨了，格蕾丝失去了这个工作机会。格蕾丝必须削减自己的预算，这样才能支付意想不到的开销。削减预算意味着减少开销。

格蕾丝喜欢为邻居收拾院子，可是下个星期预报会下雨。格

实用数学大挑战

更新版2月15日到2月28日的预算（两个星期）

类别	预算金额	实际金额	差额
我的新的固定收入零花钱			
20 美元（只有 2 月 15 日有零花钱）	20 美元		
我的新的可变收入			
为邻居做杂活	0 美元		
总计	20 美元		
固定支出			
学校午餐	24 美元		
动物收容所捐款	2 美元		
短期目标存款	2.75 美元		
长期目标存款	2.75 美元		
需要降低可变开销			
学校用品	0.75 美元		
零食	0.75 美元		
娱乐活动	7 美元		
总计	40 美元		

· 格蕾丝因为买鞋子欠了妈妈 20 美元。关于如何还钱，格蕾丝和妈妈达成一致：妈妈将会扣掉格蕾丝 2 月 22 日那天 20 美元的零花钱。现在格蕾丝要靠着 2 月 15 日的零花钱一直坚持到 3 月 1 日。

格蕾丝看了看自己的预算。她决定仍然购买学校用品，但是不再买零食了。她存入短期目标的钱不变，但是不再为长期目标存钱。她把学校午餐、收容所捐款和娱乐活动的钱削减一半。这样，格蕾丝能够填补买鞋子的钱吗？

（答案见第29页）

帮邻居打理花园是不错的挣钱方式

蕾丝没有找到新的工作，决定还是收紧预算，直到把钱还给妈妈。这就意味着她需要更长的时间才能够存到足够的钱买新的电脑游戏。

虽然做预算工作很难，但是格蕾丝还是学到了一些很好的经验。她明白了她需要重新调整自己的预算，列入应急资金这一项。她决定重新安排自己的存款计划。她计划为短期目标和长期目标各存2美元，再将1.5美元放入储蓄账户用于紧急开销。

如果有什么东西是你经常买的，那么趁着打折的时候买是降低开销的好办法

预算就像一张路线图。大多数路线图都会告诉你要走多少英里才能到达你的目标。然而，当你沿着这条路走下去的时候，你可能会决定去一个看起来很有趣的地方。绕道就会阻碍你到达目标。

你的预算也是如此。预算就是你到达目标的计划。你在自己并不需要的东西上花的钱越多，你实现目标的时间就越长。总是要先满足你的基本需要，然后存点钱做其他事情。剩下的钱你想怎么花就怎么花。先把要存的钱存起来，这样你才能够偶尔出去短途旅行一下，而且还能够按时实现目标。

当你开车旅行的时候，轮胎可能会漏气，最好的解决办法是后备厢里放一个备胎，这样能够尽快再次上路。紧急储蓄账户就像后备厢里的备胎。每个月都存一点。如果你不得不使用紧急资金，那就尽快再次存足。你要做足准备，万一轮胎又漏气了呢！

— 第五章 —

帮助预算的工具

坚持预算需要练习和努力。当你制订和执行自己的预算的时候，有很多工具可以使用。

又快又便宜的方法就是使用一个本子、一个三环活页夹、一支铅笔和一盒信封。就像你在第二章做的那样，用笔记本记录下你所有的开销。你可以把预算表放在三环活页夹里。如果你有电脑，可以按照第三章中的示例创建预算表。你可以根据自己的情况修改这个表格，这样你的预算才真正符合你的需要。

有个做预算的方法是把钱放入不同的信封

把你的预算账本和所有收据放在一起。收据是显示你在哪里花了多少钱的小票。每个消费类别都用一个信封。在每个信封上标上类别的名称。把用于存款、短期目标和长期目标的钱分别放在不同的信封里。在每个信封上贴上你要存钱购买的东西的图片，这会让你想起你的目标；在每个信封里写上每个类别的确切金额，这样你就能够确切地知道你可以花多少钱。

如果你有一台电脑或智能手机，那么你就可以随手做预算。

很多网站可以帮助你做个人预算

可以利用一些网站帮助你建立预算并执行。网站上还会提供一些省钱的好建议。像使用账本一样使用你的电脑，记录下所有的收入和开销。

有了智能手机，就意味着只需要一个应用程序，你就可以即刻记录你的开支，检查你的银行账户，并决定你是否得到了最优惠的价格。不过，在你下载应用程序之前，要做一些研究。阅读评论，看一看其他人对这个应用程序的看法。找到很容易上手、很快就能用的应用程序，否则的话你就可能放弃做预算了！有一些应用程序是免费的，还有一些需要付费。不管是哪一种，在买东西之前，都和你的父母确认一下。

你可以在手机上记录你的日常开销。使用记事本功能或下载为此目的而设计的应用程序

作为孩子，成年人通常会为你支付最基本的食物、住所和衣服的花费。但是当你长大了一些，你就必须用自己的收入来支付你自己的开销。也就是说，要承担经济责任。现在做一个小笔的预算，你就能够学习未来如何去处理更大笔的预算。企业、学校、团体和家庭都得做预算，城镇、县、国家也同样得做。学习如何做预算并坚持执行是一生都能用到的技能。

二十一世纪新思维

沃尔玛是美国最大的雇主，2014年的收入是1180亿。2015年2月，沃尔玛宣布将提高三分之一职工的薪水，也就是说为将近50万人加薪。想象一下如何平衡预算吧！

首席财务官（CFO）负责公司的财务计划和簿记

实用数学大挑战 答案

第一章

第 5 页

雅各布每个星期总开销是 20.5 美元。
12 美元＋ 2 美元＋ 4 美元＋ 2.5 美元＝ 20.5 美元

雅各布每个星期的总收入：18 美元
雅各布每个星期的总开销：20.5 美元
差额是 2.5 美元
雅各布的预算不平衡。
18 美元小于 20.5 美元。

第二章

第 9 页

格蕾丝的收入一共有 72.25 美元。
20 美元＋ 25 美元＋ 20 美元＋ 7.25 美元＝ 72.25 美元

格蕾丝一共花了 52.08 美元。
15 美元＋ 2 美元＋ 8 美元＋ 8 美元＋ 12 美元＋ 1.65 美元＋ 5.43 美元＝ 52.08 美元

格蕾丝需要的东西是她的学校午餐饭卡和学习用品。她一共花了 13.65 美元在需要的东西上面。
12 美元＋ 1.65 美元＝ 13.65 美元

格蕾丝的想要的东西是衣服、电影、零食、捐款和纪念品。她一共花了 38.43 美元在想要的东西上面。
15 美元＋ 8 美元＋ 8 美元＋ 2 美元＋ 5.43 美元＝ 38.43 美元

格蕾丝有足够的钱下载专辑。她还剩下 20.17 美元。
72.25 美元－ 52.08 美元＝ 20.17 美元

第三章

第 15 页

在格蕾丝的第一个预算中，她的总开销是 40 美元。
24 美元＋ 2 美元＋ 1 美元＋ 1 美元＋ 0.75 美元＋ 1.25 美元＋ 10 美元＝ 40 美元

在降低娱乐和零食预算之后，格蕾丝的总开销为 36.5 美元。
24 美元＋ 2 美元＋ 1 美元＋ 1 美元＋ 0.75 美元＋ 0.75 美元＋ 7 美元＝ 36.5 美元

这可以让格蕾丝另外节约 3.5 美元。
40 美元－ 36.5 美元＝ 3.5 美元

格蕾丝另外为短期目标存了 1.75 美元，为长期目标存了 1.75 美元。这两项类别各放了 2.75 美元。
3.5 美元 ÷2 ＝ 1.75 美元
1.75 美元＋ 1 美元＝ 2.75 美元

第四章

第 18 页

如果格蕾丝做出所有改变，她就会有足够的钱了。
12 美元＋ 1 美元＋ 2.75 美元＋ 0.75 美元＋ 3.5 美元＝ 20 美元

词 汇

平衡预算（balanced budget）： 你有足够的钱购买所有需要的东西的计划。

存款（deposits）： 你放在银行里的钱。

开销（expenses）： 用于某项工作和任务的钱。

固定（fixed）： 不变的金额。

收入（income）： 一个人挣得的或收到的钱，尤其是通过工作。

利息（interest）： 存在银行里的钱所赚得的钱。

变量（variable）： 会发生变化。